Inhalt Orientierung in der Natur

Auf zur Expedition

Mit Freunden auf Expedition gehen ist eine super Sache! Ihr seid ständig zusammen, immer draußen und erlebt spannende Dinge.

Aber wie orientiert man sich im Gelände? Woher weiß man, welche Richtung man einschlagen muss, wenn man sich verlaufen hat? Wie geht man mit Kompass und Karte um?

In diesem Buch findet ihr alles, was ihr wissen müsst, wenn ihr euch im Gelände orientieren wollt. Außerdem hilft es euch bei der Vorbereitung und Duchführung eurer Expedition.

Unbedingt beachten!

- Feuer dürft ihr nur an ausgewiesenen Grillplätzen und unter Anleitung eines Erwachsenen machen.
- Vorsicht beim Umgang mit Taschenmessern, es besteht Verletzungsgefahr.
- Notsignale dürft ihr nur in echten Notfällen geben.

NATURE SCOUT

Orientierung in der Natur

- Entdecken und Experimentieren
- Mit vielen Tipps für Junior-Forscher!

Martina Gorgas

Illustrationen von Kirsten Schlag

moses.

Die Ratschläge in diesem Buch sind von der Autorin und vom Verlag sorgfältig erwogen und geprüft worden. Dennoch kann eine Garantie nicht übernommen werden. Eine Haftung des Verlages für Personen-, Sach- und Vermögensschäden ist ausgeschlossen.

2. Auflage 2007

moses. Verlag GmbH
Arnoldstraße 13d
47906 Kempen
Fon 0 21 52 – 20 98 50
Fax 0 21 52 – 20 98 60
Mail info@moses-verlag.de
www.moses-verlag.de

ISBN 978-3-89777-348-6

Text: Martina Gorgas
Titelillustrationen: Thomas Müller
Titelfoto: CORBIS GMBH, Düsseldorf
Innenillustrationen: Kirsten Schlag
Innenfotos: www.fotolia.de
Layout, Typographie und Satz: Melanie Dahmen
Redaktion: Anne Rummenie
Lektorat: Julia Bösing, Christine Tschirch

Printed in China

Wichtig: die Vorbereitung

Wenn man auf Expedition geht, sollte man gut vorbereitet sein.

Die optimale Vorbereitung hat zum einen mit der Ausrüstung zu tun, die man für eine Tour braucht. Doch darüber später mehr.

Zum anderen muss die Vorbereitung auch im Kopf stattfinden: In der freien Natur können dir Gefahren und kritische Situationen begegnen, die du im Alltag nicht kennst. Dann ist es wichtig, schnell und richtig zu reagieren und nicht in Panik zu geraten.

SCOUT TIPP!

Wenn du dir vorher über mögliche Gefahren im Klaren bist, bist du innerlich auf einen eventuellen Notfall vorbereitet!

Daran solltest du denken

Auf den folgenden Seiten sind typische Notfallsituationen beschrieben, die dir während einer Expedition begegnen können.

Getränke

Es ist sehr wichtig, dass du immer genug Wasser dabei hast. Man kann nie zu viel, aber leicht zu wenig trinken. Als Faustregel gilt: Mindestens 1,5 l Wasser am Tag, bei Hitze noch mehr. Wenn du zu wenig trinkst, trocknet dein Körper aus, du stumpfst ab und kannst dich nicht mehr konzentrieren.

Verpflegung

Auch Hunger kann gefährlich werden, allerdings selten wirklich bedrohlich. Doch er vermindert das Denkvermögen und verstärkt gemeinsam mit Durst die Wirkung von Kälte, Schmerz und Angst.

Gemeinsam seid ihr stark!

Einsamkeit und Langeweile können sich klammheimlich breit machen, ohne dass du es richtig merkst. Deshalb ist es wichtig, dass du immer in einer Gruppe losziehst! Dann könnt ihr euch gegenseitig ablenken und aufmuntern.

Motivation

Erschöpfung ist eine Notsituation, die du vermutlich kennst. Du bist zu lange unterwegs und müde, der Weg ist zu steil und zu anstrengend... Da hilft nur eines: Willensstärke! Am besten ist es, wenn ihr euch in solchen Situationen gegenseitig ermuntert, nicht aufzugeben.

Kälte

Wenn dir auf einer Expedition so richtig kalt wird, dann musst du gut aufpassen: Du darfst auf keinen Fall stehen bleiben oder dich zum Schlafen hinlegen. Kälte betäubt den Körper und vermindert das Urteilsvermögen.

Schmerz

Schmerz ist ein Warnsignal deines Körpers, dass irgendetwas nicht so ist, wie es sein sollte. Deshalb solltest du unbedingt darauf achten, wenn dir etwas weh tut, und möglichst etwas dagegen unternehmen.

Wichtige Fragen

Bevor ihr auf Expedition geht, setzt ihr euch am besten einmal zusammen und plant eure Tour. Das steigert die Vorfreude und außerdem könnt ihr wichtige Fragen vorab klären.

Wichtige Fragen, die ihr euch vor der Expedition stellen solltet:

- Wo soll die Expedition hingehen?
- Wie wollt ihr sie durchführen: zu Fuß, mit dem Rad, auf dem Wasser?
- Welches ist die beste Jahreszeit?
- Welche Ausrüstung braucht ihr unbedingt?
- Was wäre zusätzlich sinnvoll?
- Wie fit sind die Teilnehmer?

Tagestour oder längere Expedition?

Am besten fangt ihr mit einer Tagestour an: Dabei könnt ihr vieles trainieren, was ihr für eine längere Expedition braucht – zum Beispiel den Umgang mit Karte und Kompass.

Wenn ihr mehrere Tagestouren gemacht und Erfahrungen gesammelt habt, könnt ihr euch an längere Expeditionen wagen – mit Zelt und allem, was sonst noch dazugehört!

SCOUT-TIPP!

Plant die Tagestouren für eure erste längere Expedition so, dass ihr euer Lager an einem Ort aufschlagt, wo Hilfe und Rat nicht weit sind.

Route festlegen

Wenn ihr die Route für eure Expedition festlegt, achtet darauf, dass sie nicht zu lang ist.

SCOUT TIPP!

Wenn ihr zu Fuß unterwegs seid, schafft ihr am Tag 8-10 km – bei steilem Gelände entsprechend weniger. Mit dem Fahrrad könnt ihr, je nach Alter und Kondition, 15-20 km einplanen.

Möglichst wählt ihr eine Tour aus, die schon jemand gemacht hat oder für die ihr eine zuverlässige Beschreibung habt. Zusätzlich braucht ihr eine genaue Karte, auf der ihr die Tour verfolgen und einzeichnen könnt.

SCHON GEWUSST?

Achtet bei der Planung besonders auf die Höhenlinien in der Karte: Eng beieinander liegende Höhenlinien weisen auf steiles Gelände hin, in dem man nur langsam vorwärts kommt.

Nie alleine!

Vermutlich würdest du nicht auf die Idee kommen, alleine loszuziehen – und das ist auch gut so! Zum einen hast du in einer eventuellen Notsituation niemand, der dir hilft oder Hilfe holt, zum anderen macht es mit mehreren einfach viel mehr Spaß.

Ein gutes Team

Am schönsten ist es, wenn sich alle Mitglieder der Gruppe gut verstehen. Wenn ihr die Route festlegt, solltet ihr auch darüber nachdenken, ob alle körperlich fit sind. Wenn ein oder mehrere Kinder nicht so gut in Form sind, solltet ihr lieber eine kürzere Tour wählen.

Entscheidungen treffen

In kritischen Situationen ist es wichtig, dass eine Entscheidung getroffen wird – mit endlosen Diskussionen ist dann niemandem geholfen. Entscheiden sollte am besten der, der die meiste Erfahrung mit solchen Touren hat. Die anderen Kinder sollten ihm vertrauen.

Scout Tipp!

Wie groß die ideale Gruppe ist, kann man nicht so allgemein sagen. Als Faustregel gilt jedoch: **mindestens drei Kinder.** Dann können im Gefahrenfall zwei zusammen bleiben (wenn sich beispielsweise ein Kind verletzt hat) und das dritte Kind geht Hilfe holen.

Spiel für draußen:
Tausendfüßer

Wie viele? mindestens 6 Kinder
Wo? auf einer großen Wiese

So geht's:

Vor Spielbeginn vereinbart ihr ein Ziel, das die Tausendfüßer erreichen sollen. Dann teilt ihr euch in zwei gleich große Gruppen auf.

Jetzt stellt sich jede Gruppe in einer Doppelreihe Rücken an Rücken auf. Wichtig ist, dass ihr etwas versetzt steht.

Jedes Kind fasst nun mit einer Hand zwischen und mit der anderen Hand neben den leicht gegrätschten Beinen durch und ergreift die Hände von zwei anderen Kindern aus seiner Gruppe. Es dauert eine Zeit, bis sich alle gefunden haben!

Dann beginnen die Tausendfüßer ins Ziel zu laufen. Welcher Tausendfüßer schafft das, ohne dabei auseinander zu fallen?

Ausrüstung packen

Was ist unbedingt nötig? Was kann eventuell zu Hause bleiben? Das sind die Fragen, die du dir beim Packen stellst. Wenn dein Rucksack zu schwer ist, geht dir nach kurzer Zeit die Puste aus! Aber du solltest auch nichts Wichtiges vergessen.

Auch das richtige Packen will gelernt sein. Deshalb:
packe den Rucksack vor der Expedition einmal zur Probe – und trage ihn ruhig auch ein längeres Stück!

SCOUT TIPP!

Schwere Gegenstände kommen möglichst in die Mitte, sodass du sie zwischen deinen Schultern hast. Dann stören sie dein Gleichgewicht am wenigsten.

Was muss mit?

Kleidung und Schuhe

Weißt du, wie viele Häute eine Zwiebel hat? Sieben! Ganz so viele Schichten brauchst du nicht übereinander anzuziehen, aber ein paar schon. Dann bist du gut auf unterschiedliche Wettersituationen vorbereitet. Auch etwas zum Wechseln solltest du dabei haben. Ideal ist Sportkleidung aus Kunstfasern. Die Schuhe müssen dir Halt geben, gutes Profil haben und möglichst knöchelhoch sein.

Je nach Jahreszeit brauchst du:

- Unterwäsche
- Socken
- T-Shirt
- Sweatshirt
- Fleece-Pulli
- Regenjacke
- Kappe gegen Sonne/Regen
- zweites Paar Schuhe
- im Winter: Handschuhe und Mütze

SCOUT TIPP!

Wenn du empfindliche Füße hast und leicht Blasen bekommst, trägst du einfach zwei Paar Socken übereinander: dünne und darüber dickere.

Rucksack

Ein guter Rucksack ist möglichst leicht, gut gepolstert und hat einen Brustgurt. Er muss groß genug sein, damit du alles unterbringen kannst, was du brauchst. Ideal ist ein Wander- oder Trekkingrucksack für Kinder, mit mehreren Taschen und Fächern.

Schlafsack

Bei mehrtägigen Touren brauchst du einen guten Schlafsack, möglichst aus Kunstfasern und natürlich in der richtigen Größe. Er sollte in einer Hülle verstaut und transportiert werden.

Isomatte

Damit du nicht auf dem Boden schlafen musst, nimmst du eine Isomatte mit. Sie verhindert, dass dein Körper zu sehr abkühlt. Außerdem ist es einfach bequemer!

Zelt

Auf längeren Expeditionen gehört natürlich auch ein Zelt zum Gepäck. Zelte gibt es in vielen Varianten, in allen Größen und Preisklassen. Welches Zelt für eure Expedition das richtige ist, hängt vor allem von zwei Faktoren ab: Wie viele Kinder wollen darin schlafen? Zu welcher Jahreszeit seid ihr unterwegs?

Das ideale Zelt

- ist strapazierfähig und leicht aufzubauen
- ist auch nach längerem Regen wasserfest
- hat einen wasserundurchlässigen, reißfesten Boden
- hat ein wasserdichtes Außenzelt und ein luftdurchlässiges Innenzelt
- hat möglichst zwei Eingänge

Scout-Tipp!

Bevor ihr mit dem Zelt auf Tour geht, baut es mindestens einmal auf und übernachtet darin „zur Probe“, am besten im Garten.

Was du sonst noch brauchst:

- Karte des Gebietes
- Kompass
- Armbanduhr
- (Signal-) Spiegel
- Taschenmesser
- Essgeschirr mit Trinkflasche
- Streichhölzer
- kleinen Block mit Stift
- Erste-Hilfe-Set: Pflaster, Verband, Wundsalbe, Insektenschutz
- Sonnencreme
- Dokumentenbeutel (Ausweiskopie, Versicherungskarte, Telefonnummern der Eltern)
- Handy

Der richtige Lagerplatz

Ob ihr eine Nacht oder länger bleiben wollt – der richtige Lagerplatz ist sehr wichtig. Ihr solltet ihn vor Einbruch der Dunkelheit erreicht haben, damit ihr in Ruhe euer Zelt aufbauen könnt.

Das sollte euer Platz idealerweise haben:

- Wasser in der Nähe des Platzes: Quelle, Bach, Fluss
- Feuerholz in der Nähe des Platzes
- einen Windschutz im Nordwesten (Berg, Hügel, Wald), meist stürmt es aus dieser Richtung
- trockenen Boden, der Regen schnell aufsaugt

Wichtig:

Stellt euer Zelt nicht einfach irgendwo in freier Wildbahn auf – das ist in Deutschland verboten – sondern fragt beispielsweise bei einem Bauern an, ob ihr auf seinem Grund übernachten dürft. Oder geht auf den nächstgelegenen Campingplatz.

Die Feuerstelle

Zu einem echten Lager gehört ein Lagerfeuer, vor dem man abends gemütlich sitzt und in dem man Stockbrot oder Würstchen brät.

Die Grundregeln:

- Kinder dürfen nur in Begleitung eines Erwachsenen Feuer machen.
- Feuer machen in der freien Natur ist verboten und wird streng bestraft.
- Nur an ausgewiesenen Grillplätzen darf man ein Feuer entzünden.
- Das Feuer sorgfältig löschen: Wasser auf die Asche und Erde darüber.

SCOUT TIPP!

Knuspriges **Stockbrot** schmeckt super! Und es ist ganz leicht: Lange Stöcke suchen und säubern. Aus 1 kg Mehl, 2 El Backpulver, 2 Tl Salz und 1/2 l Wasser einen Teig kneten. Teig zu langen Schnüren formen und um die Stöcke wickeln. Über dem offenen Feuer backen, dabei häufiger hin und her wenden.

Orientierung unterwegs

Wenn ihr auf einer Expedition seid, müsst ihr euch gut orientieren können. Das ging den Menschen schon immer so. Deshalb haben sie schon früh Techniken und Methoden entwickelt, um sich in unbekanntem Gelände gut zurechtzufinden.

SCHON GEWUSST?

Sol oriens

Weißt du, woher der Begriff „Orientierung" kommt? Aus dem Lateinischen, nämlich von **„Sol oriens"**, was **„aufgehende Sonne"** heißt. Früher orientierte man sich nämlich, indem man Osten suchte, die Richtung der aufgehenden Sonne. Daher kommen übrigens auch die Bezeichnungen „Orient" und „Morgenland".

Von Osten nach Norden

Später steuerten die Wikinger ihre Schiffe über die Weltmeere. Sie waren vermutlich die ersten, die sich nach Norden, zum Nordstern hin, orientierten. Als dann der Kompass erfunden war, schauten alle nur noch nach Norden, denn die Magnetnadel jedes Kompasses zeigt immer dahin, wo der Nordstern steht.

SCHON GEWUSST?

Flavio Gioia

Als Erfinder des modernen Kompasses gilt Flavio Gioia, ein Seefahrer aus Süditalien, der Anfang des 14. Jahrhunderts gelebt hat. Im Jahr 1302 soll er den ersten „richtigen" Schiffskompass entwickelt haben. Es war ein sogenannter Trockenkompass, der schon bald auf allen Schiffen üblich war.

Welche Hilfsmittel gibt es?

Heutzutage gibt es verschiedene Hilfsmittel, um sich in der Natur zu orientieren. Manche sind ganz simpel, wie zum Beispiel der Sonnenstand; manche sind ziemlich kompliziert, wie das Navigationssystem GPS.

Dabei geht es vor allem um zwei Punkte:

- das Bestimmen des eigenen Standortes
- das Ausrichten nach den Himmelsrichtungen

Wenn du mit Freunden auf Expedition gehst, solltest du die wichtigsten Mittel und Methoden der Orientierung kennen und beherrschen. Das ist auch gar nicht so schwierig wie du vielleicht denkst.

Viel Spaß beim Ausprobieren!

SCHON GEWUSST?

Man unterscheidet:

natürliche Orientierungshilfen: Sonne, Mond, Wetter
künstliche Orientierungshilfen: Karte, Kompass, GPS

Karten lesen – kein Problem!

In einer Karte kann man (fast) wie in einem Buch lesen und viel über das darin abgebildete Gelände erfahren. Außerdem hilft sie dir herauszufinden, wo du dich unterwegs gerade befindest.

Karten sind sozusagen die Welt im Kleinen: Auf ihnen werden Landschaft und Gebäude in verkleinerter Form abgebildet. Wie das praktisch umgesetzt wird, hängt davon ab, welche Aufgabe eine Karte hat. Denn Karte ist nicht gleich Karte: Geh doch einmal in eine Buchhandlung und schau dir unterschiedliche Karten an!

Himmelsscheibe
von Nebra

Himmel und Erde

Schon sehr früh haben die Menschen versucht, die Welt möglichst naturgetreu abzubilden. Allerdings sahen diese frühen Abbildungen noch ganz anders aus als unsere modernen Karten.

Besonders interessierte die Menschen damals, welche Form die Erde hat. Lange Zeit dachte man, die Erde sei eine Scheibe. Die Himmelsscheibe von Nebra gilt als älteste bekannte Darstellung des Himmels und der Erde. Sie entstand zwischen 1800 und 1600 v. Chr.

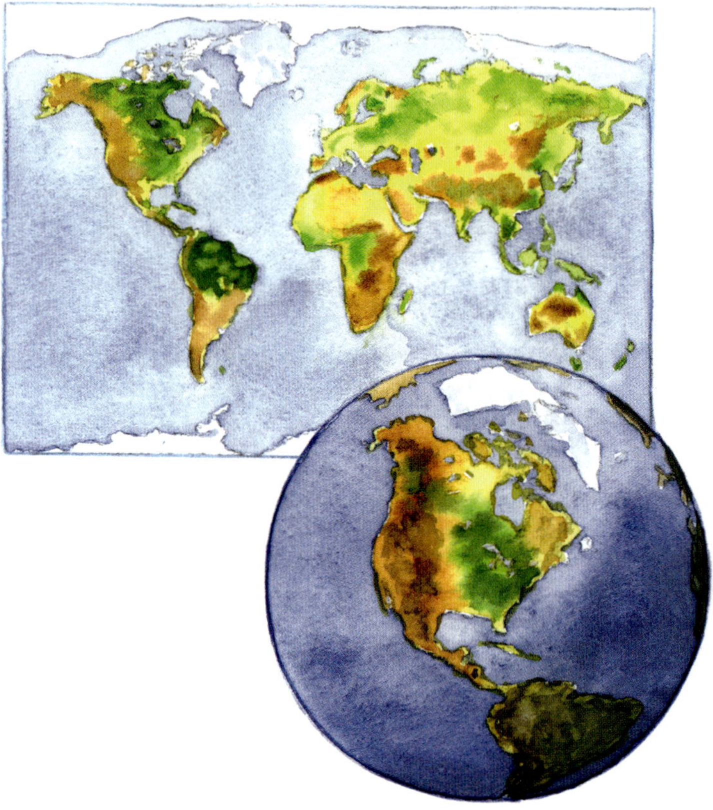

SCHON GEWUSST?

Verzerrung ist normal

Keine noch so gute Karte kann die Welt richtig darstellen, denn die Erde ist eine Kugel und jede Karte ist flach! Eine gewisse Verzerrung muss man also immer in Kauf nehmen. Am meisten fällt das übrigens bei Weltkarten auf.

Erste Landkarten

Die wohl älteste „Landkarte“ wurde in der Türkei entdeckt: Eine Wandmalerei aus der Zeit um 6200 v. Chr. zeigte eine Siedlung mit Häusern und einen Vulkan.

Etwa um 1500 v. Chr. bildeten die Babylonier auf einer Tontafel den vielleicht ersten Stadtplan ab: Er stellte die Stadt Nippur dar, mit Stadttor, Gebäuden und dem Fluss Euphrat.

Wegweisend war der griechische Mathematiker und Philosoph **Ptolemäus** (ca. 100 n. Chr.): Er zeichnete Karten von Hand und ging bereits davon aus, dass die Erde eine Kugel ist!

Uuuups, verrechnet!

Man kann sich leicht vorstellen, dass diese frühen Karten oft Fehler enthielten. So verrechnete sich Ptolemäus beim Erdumfang um einige tausend Kilometer. Und eine römische Straßenkarte, die Tabula Peutingeriana, war von West nach Ost unnatürlich verzerrt. Doch im Laufe der Zeit wurden die Karten besser und genauer.

Verschiedene Karten

Wir können inzwischen aus verschiedenen Arten von Karten auswählen – je nachdem, wofür wir sie benutzen wollen. Autofahrer verwenden andere Karten als Fußgänger, für Bergsteiger sind andere Wege wichtig als für Radfahrer.

Die wichtigsten Kartentypen

- **Stadtplan:** Straßen, Plätze und Gebäude sind eingezeichnet, auch einzelne Hausnummern.
- **Straßenkarte:** Sie zeigt verschiedene Straßenarten, etwa Landstraßen, Bundesstraßen und Autobahnen.
- **Topografische Karte:** Die Landschaft steht im Mittelpunkt: Ist sie flach oder gebirgig? Gibt es Wald, Wiese oder Moor?

SCOUT TIPP!

Wenn ihr im Gelände unterwegs seid, sind topografische Karten ein super Hilfsmittel für euch!

Oben:
Topografische Karte

Mitte: Stadtplan

Unten: Straßenkarte

Topografische Karten

Topografische Karten sind sehr hilfreich, wenn du dich in der freien Natur orientieren möchtest. Denn sie bilden eine Landschaft vollständig und geometrisch korrekt ab – aber natürlich verkleinert.

Für diese Art von Karten wird das jeweilige Gebiet ganz genau vermessen. Auf topografischen Karten erkennst du, wie hoch ein Hügel oder wie breit ein Fluss ist, welche Pflanzen wo wachsen, wo Fuß-, Feld- und Waldwege verlaufen. So könnt ihr eine Expedition im Gelände gut vorbereiten und findet euch auch unterwegs prima zurecht.

Was bedeutet der Maßstab?

Was auf einer Karte gezeigt wird, hängt von ihrem Verwendungszweck ab. Wie groß soll das Gebiet sein, das auf der Karte abgebildet ist? Für eine weite Autofahrt braucht man eine Karte, die ein großes Gebiet zeigt, während für eine Radtour ein kleiner, dafür genauerer Ausschnitt wichtig ist.

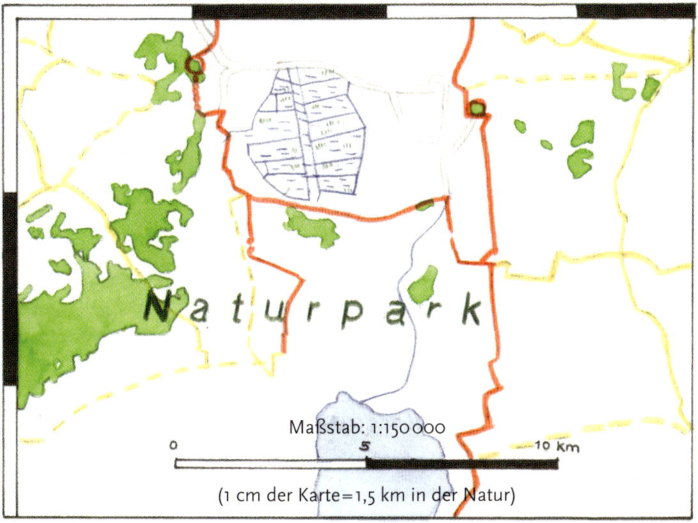

Jede Karte hat einen Maßstab. Dies ist das Verhältnis zwischen Karte und Natur in Zentimetern ausgedrückt. Der Maßstab bestimmt also, wie stark eine Karte das auf ihr gezeigte Gebiet verkleinert.

Damit man die Darstellung auf einer Karte richtig einschätzen kann, ist der Maßstab immer angegeben – meist am unteren oder oberen Rand.

SCHON GEWUSST?

Großer und kleiner Maßstab

- Je **kleiner** die Maßstabszahl (= die Zahl rechts vom Doppelpunkt) ist, **desto größer** ist der Maßstab und desto genauer die Karte!
- Je **größer** die Maßstabszahl ist, **desto kleiner** ist der Maßstab und desto mehr Fläche wird von der Karte abgedeckt.

Umrechnungstabelle:

1 km in der Wirklichkeit entspricht bei einem Maßstab von

1 : 25 000: 4 cm auf der Karte

1 : 50 000: 2 cm auf der Karte

1 : 100 000: 1 cm auf der Karte

SCOUT-TIPP!

Wenn du von der Maßzahl zwei Stellen abstreichst (also statt 2000 nimmst du 20), dann erhältst du die wirkliche Anzahl an Metern, die auf der Karte 1 cm entsprechen.

Angaben auf den Karten

Weißt du, wo auf einer Karte welche Himmelsrichtung ist? Unsere modernen Karten sind „genordet“. Das bedeutet, dass die Himmelsrichtungen immer an der gleichen Stelle sind – auf jeder Karte!

Himmelsrichtungen auf der Karte

Norden: oben
Osten: rechts
Süden: unten
Westen: links

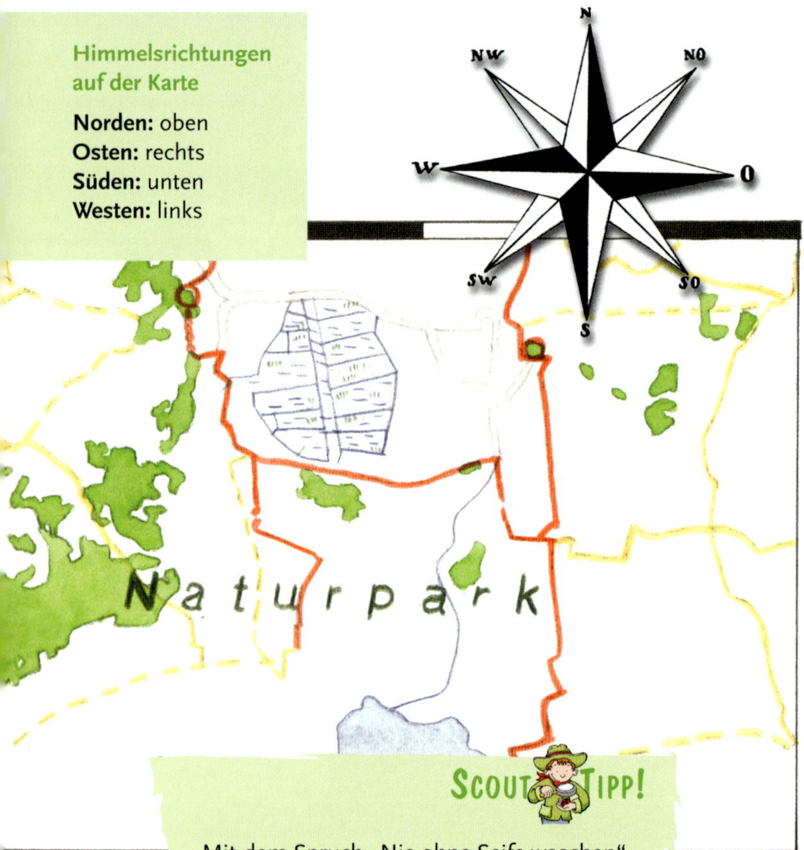

SCOUT-TIPP!

Mit dem Spruch „Nie ohne Seife waschen“ kannst du dir die Himmelsrichtungen ganz leicht merken: N – O – S – W

SCOUT TIPP!

Spiel für draußen:
Ohren spitzen!

Wie viele? mindestens 5 Kinder
Wo? unebener Platz mit Blättern, Gräsern, kleinen Ästen
Was braucht ihr? Augenbinde

So geht's:

Ihr stellt euch in einem großen Kreis auf: Ein Kind geht in die Mitte, ihm werden die Augen verbunden. Einer aus dem Kreis schleicht sich an das Kind heran.

Das Kind in der Mitte muss versuchen heruszufinden, von wo der Anschleicher kommt. Wenn es ihn hört, gibt es durch Handzeichen die Richtung an. Das Ziel des Anschleichers ist es, das Kind in der Mitte zu erreichen, bevor es ihn hört.

Kartenzeichen

Um in einer Karte zu „lesen“, müsst ihr die Kartenzeichen kennen und verstehen – wie die Buchstaben beim Lesen. Diese Zeichen werden in der Legende am Rand der Karte erklärt. Kartenzeichen können sein: Gewässer, Brücken, Dämme, Windmühlen, Steinbrüche, Zeltplätze...

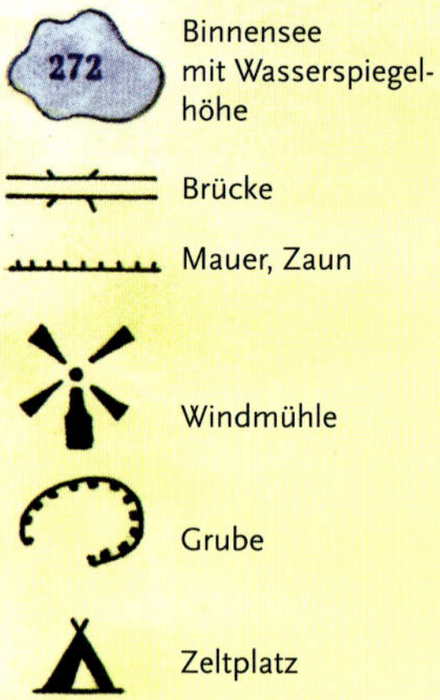

Achtung: Viele Straßen, breite Brücken oder Häuser sind auf Karten im Verhältnis zu groß eingezeichnet. Eine Straße, die in einer Karte mit Maßstab 1 : 200 000 mit 1 mm Breite eingezeichnet ist, müsste sonst 200 m breit sein – tatsächlich sind es aber keine 10 m! Würde man sie maßstabsgetreu einzeichnen, wäre sie nur mit der Lupe zu sehen.

SCHON GEWUSST?

Die Farben kennen

Bei topografischen Karten haben die Farben folgende Bedeutung:

Schwarz = Bauwerke, Wege und Bahnlinien
Grün = Bodenwuchs
Rot = Straßen und Wege
Braun = Bodenformen
Blau = Gewässer

Wann es richtig steil wird...

Unterwegs im Gelände ist es wichtig zu wissen, wie schnell man vorwärts kommt. Die braun eingezeichneten Höhenlinien auf einer Karte helfen euch, euer Tempo richtig einzuschätzen. Sie lassen Geländeformen wie Berge und Kuppen, Täler und Mulden, Schluchten und Kessel anschaulich erkennen.

Jede Höhenlinie verbindet Punkte gleicher Höhenlage. Die Linien sind verschieden dick gedruckt, je nach Höhe. Außerdem steht oft eine Zahl dabei. Aus dem Abstand der Höhenlinien könnt ihr schließen, wie steil eine Steigung oder ein Gefälle ist.

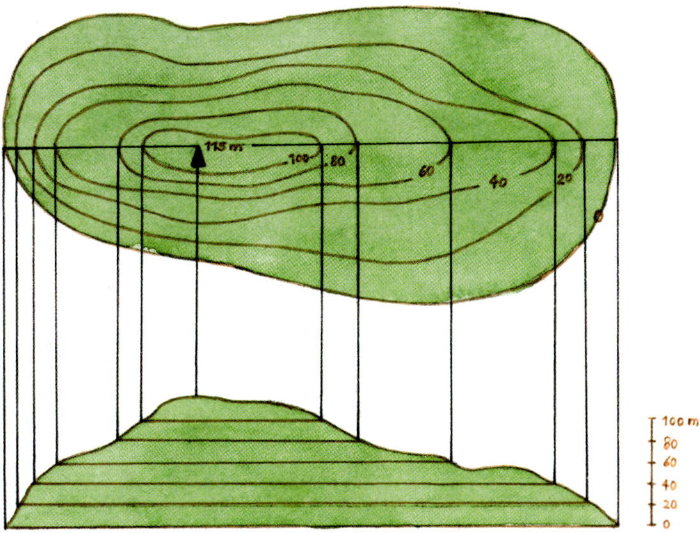

SCOUT TIPP!

Was die Höhenlinien verraten:

geringe Abstände = steiles Gelände
größere Abstände = flacheres Gelände

Unterwegs im Gelände

Vor Beginn einer Tour zeichnet ihr die Route, die ihr gehen wollt, in einer Karte ein. Am besten mit einem Leuchtstift, dann verdeckt ihr keine wichtigen Informationen auf der Karte.

Unterwegs bewahrt ihr die Karte möglichst in einer durchsichtigen Hülle auf, dann macht es nichts, wenn sie nass wird oder hinfällt. Während der Expedition sollte die Karte griffbereit sein – also nicht ganz unten im Rucksack verstecken!

Karte in wasserfester Hülle

Karten zeichnen – gar nicht so schwer!

Willst du deinen Lieblingsplatz in der Natur auf einer Karte einzeichnen? Das kann ein Versteck am Waldesrand sein, ein schöner Kletterbaum auf der Wiese oder eine Stelle am Bach, wo man Fische beobachten kann...

SCOUT-TIPP!

Selbst Karten zeichnen

Gib auf der Karte zuerst die vier Himmelsrichtungen an. Zeichne dann alle Straßen, Wege und all das ein, was sonst noch wichtig ist. Zuletzt markierst du noch den Weg zu deinem Lieblingsplatz!

Standort bestimmen

Wenn du zum Beispiel in den Bergen unterwegs bist und mithilfe deiner Karte herausfinden möchtest, wo du dich gerade befindest und wie weit es noch bis zum Gipfel ist, gibt es einen einfachen Trick:

Du suchst dir eine markante Stelle im Gelände, die auf der Karte eingezeichnet ist: die Waldgrenze, einen Flusslauf oder einen Höhenrücken. Nun drehst du die Karte so lange, bis diese Stelle auf der Karte in der gleichen Richtung ist wie in der Natur. Jetzt zeigen die Gitterlinien auf der Karte nach Norden. Die anderen Himmelsrichtungen kannst du leicht bestimmen.

Sicher ist sicher

Um ganz sicher zu gehen, suchst du dir zwei solcher Stellen im Gelände, die du mit der Karte vergleichst. Wichtig ist, genau hinzuschauen: Besteht der Wald wirklich aus Nadelbäumen, wie es in der Karte eingezeichnet ist? Macht der Flusslauf auch auf der Karte einen Knick nach rechts?

Wenn du die beiden Punkte im Gelände gefunden und mit der Karte verglichen hast, markierst du sie auf der Karte. Dann ziehst du von den beiden Punkten jeweils eine Linie. Dort, wo sich diese beiden Linien auf der Karte schneiden, ist dein Standort!

SCOUT TIPP!

Dieser Trick funktioniert natürlich auch im flachen Land – wenn es dir gelingt, einen solchen markanten Punkt im Gelände zu finden!

SCOUT TIPP!

Standort bestimmen

Was brauchst du? Karte, Stift

So geht's:

Damit es im Ernstfall im unbekannten Gelände auch klappt, trainierst du diese Standortbestimmung mit der Karte auf vertrautem Boden. Such dir ein Gelände aus, das du gut kennst und auf dem es zwei markante Punkte gibt, zum Beispiel einen Berg und eine Kirche.

Dann fahre so fort, wie auf S. 46 beschrieben:

- Karte norden (mithilfe eines Kompasses legst du die Karte so hin, dass sie nach Norden zeigt.)
- markante Punkte markieren
- Linien ziehen
- Standort bestimmen

Na, hat's funktioniert? Ist dein tatsächlicher Standort auch der, den du bei diesem Experiment herausgefunden hast?

Scout-Tipp!

Spiel für draußen:
Vorsicht Katze!

Wie viele? mindestens 6 Kinder
Wo? große Wiese

So geht's:

Einer von euch ist die Katze, die anderen sind die Mäuse und müssen vor der Katze wegrennen. Hat die Katze eine Maus berührt und festgehalten, ist sie gefangen.

Dann muss die Maus sich auf den Rücken legen und Arme und Beine von sich strecken. Die anderen Mäuse können die gefangene Maus jetzt retten, indem sie diese an Armen und Beinen nehmen und in das Mäuseloch (das vorher vereinbart wurde) tragen.

Ist die gefangene Maus dort, dann ist sie wieder frei. Wichtig: Solange die Mäuse eine andere befreien, dürfen sie nicht gefangen werden!

Mit Kompass – so geht's

Hast du dich auf einer Tour schon einmal richtig verlaufen? Meist passiert einem das einmal und nie wieder! Denn davor schützt ein kleines Teil, das in jede Hosentasche passt: ein (Magnet-)Kompass. Mit seiner Hilfe kannst du immer und überall die Himmelsrichtungen bestimmen.

Deshalb sollte der Kompass bei keiner Expedition fehlen, auch wenn ihr eine Karte dabei habt. Denn bei schlechter Sicht – Nebel, Regen oder Schneefall – nützt die beste Karte wenig! Der Kompass dagegen zeigt sicher an, wo Norden ist. Und die anderen Himmelsrichtungen könnt ihr dann leicht ableiten.

SCOUT-TIPP!

Erinnerst du dich noch an den Spruch, mit dem man sich die Himmelsrichtungen gut merken kann?

Sonst schau auf S. 38 nach!

North Sea
GREAT BRITAIN
IRELAND
Dublin
London
English Channel
DENMARK
Copenhagen
Oslo
Amsterdam
GERMANY
Berlin
Brussels
Paris
FRANCE
Bern
Algiers
SUDAN
0
62
60
58
56
54
52

Wie funktioniert ein Kompass?

Jeder Kompass besteht aus einem mit Flüssigkeit gefüllten Gehäuse und einer beweglichen magnetischen Nadel. Meist gehört auch eine 360-Grad-Skala oder eine Kompassrose (Windrose) dazu. Kompasse gibt es in verschiedenen Ausführungen – von einfach bis aufwendig.

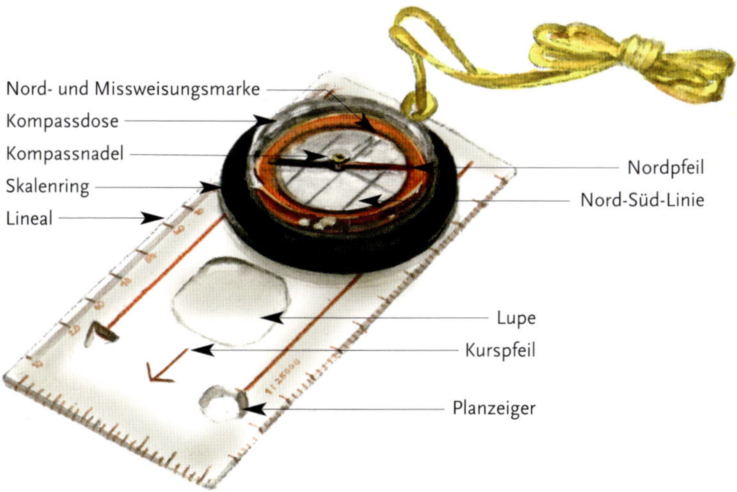

SCHON GEWUSST?

Wohin zeigt die Kompassnadel?

Unsere Erde ist ein riesiger Magnet. Ein Pol des Erdmagneten liegt im Norden, der zweite im Süden. Die Kompassnadel ist auch ein Magnet. Ihre Nadelspitzen werden von den beiden Erdpolen angezogen. Deshalb stellt sich die Kompassnadel immer in einer bestimmten Richtung ein, der Nord-Süd-Richtung. Wenn du die Kompassnadel beobachtest, wirst du sehen, dass die dunkle (oder farbig markierte) Nadelspitze nach Norden zeigt.

SCOUT TIPP!

Experiment:
Kompass selber basteln

Was brauchst du? Streichholzschachtel, Kompassnadel mit Spitze, Reißzwecke, Schere, Kleber, Buntstifte, weißes Blatt

So geht's:

Als erstes schneidest du das Papier so zurecht, dass es in die Streichholzschachtel passt. Dann zeichnest du eine Windrose (siehe unten) darauf und trägst die Himmelsrichtungen ein: N – O – S – W.

Jetzt klebst du die Windrose in die Streichholzschachtel. In der Mitte der Streichholzschachtel stichst du mit der Stecknadel von unten durch den Boden in die Mitte der Windrose. Dann vorsichtig die Kompassnadel samt Spitze draufsetzen – und schon ist dein Kompass fertig! Probier doch gleich aus, ob er funktioniert! Wenn du magst, kannst du die Hülle der Streichholzschachtel noch schön bunt anmalen.

Die Kompassnadel mit Spitze kannst du günstig unter folgender Adresse bestellen: C. Stockert & Sohn • Marienstr. 47 • 90762 Fürth Telefon 0911 771697, Fax 0911 774270

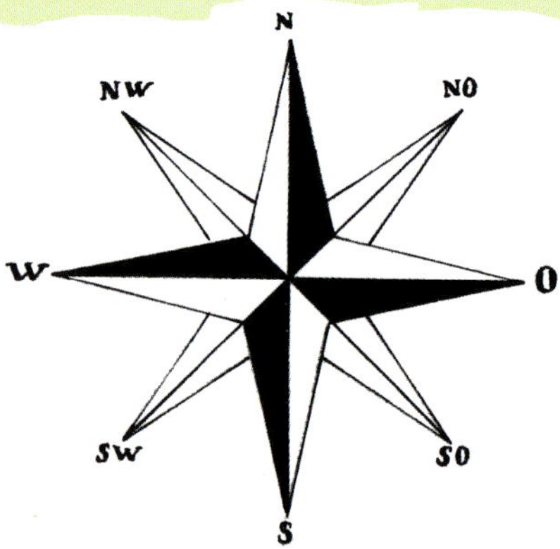

SCHON GEWUSST?

Der Ur-Kompass

Den allerersten Kompass gab es vermutlich im alten China, er wurde dort um das Jahr 27 n. Chr. erfunden. Dieser Ur-Kompass bestand aus einem Stück Magneteisenstein, das an einem Faden aufgehängt wurde. Weil die Kompassnadel nach Süden zeigte, nannte man ihn „Südweiser".

Die Chinesen benutzten diesen einfachen Kompass als Richtungsweiser auf ihren Dschunken, auf denen sie bis zur Ostküste Afrikas und nach Australien segelten.

Welche Kompasse gibt es?

Es gibt jede Menge verschiedener Kompasstypen, je nachdem, welchen Zweck sie erfüllen. Trekker im Himalaya-Gebirge brauchen einen anderen Kompass als Pfadfinder, die im Wald unterwegs sind. Wenn du dir einen Kompass kaufen möchtest, hier ein paar Tipps.

Ein guter Kompass sollte haben:

- stoßfestes Gehäuse
- Leuchtanzeige der Himmelsrichtungen
- Visiereinrichtung
- Kompassrose mit 360-Grad-Skala
- rot-schwarze Nord-Süd-Linien
- möglichst eine Lupe und ein Lineal
- ein Band zum Umhängen

Kaufe einen einfachen und praktischen Kompass, mit dem du gut zurechtkommst. Es muss nicht der teure, digitale sein, der Datum, Uhrzeit und Temperatur anzeigt und Weckfunktion hat …

Marschkompass

Linealkompass

Peilkompass

Kompass benutzen

Stell dir vor, ihr seid unterwegs und plötzlich kommt Nebel auf. Anfangs ist euer Weg noch zu erkennen, später nicht mehr. Was tun?

Karte und Kompass

Wenn du mit Karte und Kompass unterwegs bist:

- Leg den Kompass auf den Boden und warte, bis die Nadel still steht. Wenn sie sich nicht mehr bewegt, zeigt sie nach Norden.
- Leg deine Karte so auf den Boden, dass ihr Norden (=oben) in dieselbe Richtung zeigt wie die rote Magnetnadel.
- Wenn du jetzt deinen Standort auf der Karte einzeichnest, weißt du auch, in welche Richtung du gehen musst!

SCHON GEWUSST?

Der magnetische Nordpol stimmt nicht genau mit dem geografischen Nordpol überein. Das bedeutet, dass die Anzeige auf dem Kompass nie ganz exakt ist. Deshalb ist bei manchen Kompassen auf der Kompassrose die sogenannte Missweisungsmarke markiert: Sie zeigt die Abweichung an. In unseren Breitengraden ist die Abweichung nur gering, deshalb brauchen wir uns darum nicht zu kümmern. In anderen Ländern, besonders in Polarnähe, kann sie wesentlich größer sein.

Kompass ohne Karte

Und so geht's mit dem Kompass allein:

- Du erinnerst dich, die rote Kompassnadel zeigt immer nach Norden.
- Nimm den Kompass in die Hand und drehe die bewegliche Kompassrose so lange, bis die rote Nadel auf „N" wie Norden zeigt.
- Den Kompass selbst dabei nicht bewegen!
- Die rote Nadel zeigt nach Norden, die schwarze nach Süden, Osten und Westen kannst du auf der Kompassskala ablesen.

Die Visiereinrichtung hilft dir, wenn du herausfinden möchtest, wo dein Ziel liegt: Mit dem roten Pfeil kannst du es anvisieren und leicht erkennen, in welche Himmelsrichtung du gehen musst.

Spiel für draußen: Orientierungslauf

Wie viele? mindestens 4 Kinder (Gruppen von je 2 Kindern)
Wo? unbekanntes Gelände
Was braucht ihr? eine Schatzkarte und einen Kompass pro Gruppe

So geht's:

Ihr braucht einen Erwachsenen, der sich die Schatzkarte ausdenkt und aufzeichnet, einen Schatz spendiert und diesen versteckt. Ihr Kinder tut euch immer zu zweit zu einem Suchtrupp zusammen. Jeder Suchtrupp bekommt eine Schatzkarte. Darauf ist eure Umgebung eingezeichnet. Außerdem steht dort, wie viele Schritte ihr in welche Himmelsrichtung gehen sollt, um den Schatz zu finden. Diese müsst ihr vorher mit dem Kompass bestimmen. Die Gruppe, die den Schatz am schnellsten gefunden hat, hat gewonnen!

Orientieren mithilfe der Natur

Manchmal passiert es, dass man ohne Kompass und Karte unterwegs ist. Damit du auch dann nicht verloren gehst, hier ein paar Tipps. Allerdings sind diese Hilfsmittel nicht so sicher und eindeutig wie Kompass oder Karte!

Wenn in deiner Nähe eine alte Kirche ist, hast du Glück: Die Türme von älteren Kirchen stehen meist auf der Westseite, die Altäre sind nach Osten ausgerichtet.

SCHON GEWUSST?

Sogar Ameisen kennen Himmelsrichtungen: Ameisenhaufen befinden sich stets an der Südseite von Bäumen, Sträuchern und Büschen.

Auch Bäume helfen bei der Orientierung: Meist ist die Rinde auf der Nordwestseite mit Moos bewachsen. Im Nordwesten sind die Äste oft kürzer und mehr vom Wind zerzaust. Nadelbäume sind häufig an der Südseite stärker mit Harz überzogen.

Experiment:
Ameisenstraße umleiten

Was brauchst du? große Papierrolle oder Blätter, Würfelzucker und Wasser

Vielleicht entdeckst du unterwegs eine Ameisenstraße? Oder eine führt durch euren Garten? Ameisen sind ungeheuer fleißig und immer auf der Suche nach Essbarem. Dabei hilft ihnen, dass sie sehr gut riechen können. Besonders gerne mögen sie Süßes!

So geht's:

Tropfe etwas Wasser auf den Würfelzucker und markiere damit auf dem Papier die Spur, auf der die Ameisen laufen sollen. Zwischendurch den Zuckerwürfel öfters mit Wasser befeuchten. Lege das Papier in die Nähe der Ameisenstraße und beschwere es mit Steinen. Du wirst sehen: Nach einer Weile entdecken die Arbeiterinnen die süße Spur und beginnen gleich damit, die Leckerei in ihren Bau zu transportieren.

Vorsicht: Belästige Ameisen nie in ihrem Ameisenhügel!

Mithilfe der Sonne

Tagsüber zeigt dir die Sonne, wo es lang geht: Am Morgen geht sie im Osten auf, mittags steht sie im Süden und abends wandert sie nach Westen. Das ist dir zu ungenau? Dann merk dir einfach die folgenden Zeiten – aber denk daran: Im Sommer auf Sommerzeit umrechnen!

In unseren Breiten steht die Sonne nach mitteleuropäischer Zeit (keine Sommerzeit) etwa um:

6.30 Uhr: im Osten
9.30 Uhr: im Südosten
12.30 Uhr: im Süden
15.30 Uhr: im Südwesten
18.30 Uhr: im Westen

Je nach Jahreszeit schwanken diese Werte etwas, daher ist die Richtungsangabe nicht wirklich genau!

Mit Sonne und Uhr

Sicherer kannst du die Himmelsrichtungen herausfinden, wenn du eine Armbanduhr dabei hast. Im Sommer musst du deine Uhr wegen der Sommerzeit vorher um eine Stunde zurück stellen.

SCOUT TIPP!

Experiment: Himmelsrichtungen bestimmen

Was brauchst du? Armbanduhr

So geht's:

Du richtest den Stundenzeiger deiner Uhr auf die Sonne. Schau dir den Winkel zwischen Stundenzeiger und der 12-Uhr-Markierung auf deiner Uhr an.

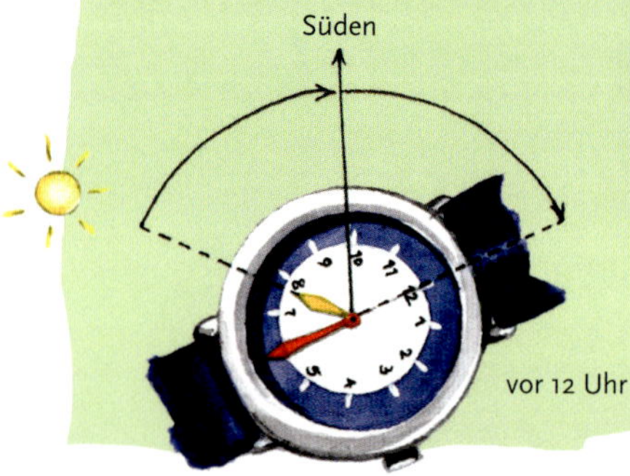

Diesen Winkel musst du halbieren, dann zeigt die (gedachte) Linie genau nach Süden. Gegenüber liegt dann Norden, und so weiter...

SCHON GEWUSST?

Diese Methode, die Himmelsrichtung zu bestimmen, funktioniert nur nördlich des Äquators – aber vermutlich hältst du dich ja meist in dieser Gegend auf. Südlich des Äquators ist es genau andersherum: die gedachte Linie zeigt nach Norden.

Die Sonnenuhr

Du hast deine Uhr vergessen und möchtest gern wissen, wie spät es ist? Dann sei doch einfach deine eigene Sonnenuhr!

SCOUT TIPP!

Experiment: Lebende Sonnenuhr

Was brauchst du? Kleines Stöckchen

So geht's:

Such dir ein kleines Stöckchen, klemm es zwischen Daumen und Zeigefinger. Schon hast du den Sonnenuhrzeiger. Am Morgen klemmst du das Stöckchen in deine linke Hand. Die Hand muss flach ausgestreckt sein und nach Weste zeigen, also dorthin, wo die Sonne am Abend untergehen wird. Nachmittags klemmst du das Stöckchen in die rechte Hand. Jetzt muss die Hand nach Osten zeigen, also in die Richtung, wo am Morgen die Sonne aufgegangen ist.

Jetzt musst du dir vorstellen, dass auf deiner Hand das Zifferblatt einer Uhr zu finden wäre. Der Schatten zeigt dir dann die ungefähre Uhrzeit an.

Der Schatten als Kompass

Du kannst dich auch mithilfe von Schatten in der Natur orientieren.

Stecke einen Ast in den Boden. Dieser sollte möglichst eben sein. Der Ast wirft einen Schatten.

An die Spitze des Schattens legst du einen Stein. Jetzt wartest du ungefähr eine Viertelstunde lang. Dann legst du wieder einen Stein an die Schattenspitze. Jetzt kannst du eine Linie zwischen den beiden Steinen ziehen. Diese Linie ist nun dein Wegweiser: Sie verläuft nämlich von Osten (erster Stein) nach Westen (zweiter Stein).

Mit Mond und Uhr

Auch der Mond kann dir die Himmelsrichtungen anzeigen. Bezugspunkte dafür sind der Vollmond und der Neumond.

Stell dir eine Uhr vor mit ihren 12 Stunden. Der Vollmond steht für das komplette Uhrenblatt: Er zeigt 12/12. Der Halbmond dagegen zeigt 6/12. Wenn der Vollmond um 1/4 abgenommen hat, ist er 9/12 groß. Hat er um 3/4 abgenommen, bleiben noch 3/12 über. Entsprechendes gilt für den zunehmenden Mond: Wenn der Neumond, der gar nicht zu sehen ist, um 1/4 zugenommen hat, ist er 3/12 groß, bei 1/2 ist er 6/12 groß (Halbmond).

SCOUT-TIPP!

Bei zunehmendem Mond zeigt die runde Seite nach rechts, beim abnehmenden Mond nach links.

Der Mond als Orientierung

Schau auf deine Uhr. Bei abnehmendem Mond zählst du jetzt den Zähler der Mondphase (also 6, 9 etc.) zur aktuellen Uhrzeit dazu. Bei zunehmendem Mond ziehst du den Zähler von der Uhrzeit ab.

Das Ergebnis sagt dir die Uhrzeit, zu der die Sonne tagsüber an der Stelle steht, wo der Mond jetzt steht. Auf der folgenden Seite findest du ein Beispiel für diese Rechnung.

Jetzt kannst du mit deiner Armbanduhr die Himmelsrichtungen bestimmen (siehe S. 62).

SCOUT-TIPP!

Achtung Sommerzeit! Zur Sommerzeit musst du von der errechneten Uhrzeit eine Stunde abziehen.

Der Mond als Orientierung

Das klingt ziemlich kompliziert, oder? Bestimmt hilft dir ein praktisches Beispiel:

1. Wir haben zunehmenden Mond: Die runde Seite zeigt nach rechts.
2. Der Mond ist noch nicht ganz voll, er bekommt einen Wert von 10/12.
3. Es ist 4 Uhr morgens.
4. Nun rechnest du mit der ersten Zahl des Mondwertes. Der Mond wert war 10/12, also rechnest du mit der 10.
5. Du rechnest 4 Uhr minus 10 Stunden: Vor 10 Stunden war es 18 Uhr.
6. Wenn der Stundenzeiger der Uhr auf den Mond zeigt, liegt Süden in Richtung 3 Uhr.

Diese Art der Orientierung gibt dir nur einen ungefähren Anhaltspunkt über die Himmelsrichtungen!

SCOUT TIPP!

Spiel für draußen: Phantasiereise durch die Wolkenbilder

Zur Erholung darfst du jetzt ein wenig träumen ...

Wie viele? ab 1 Kind
Wo? auf einer Wiese
Was braucht ihr? Wolken am Himmel

So geht's:

Lege dich an einem leicht bewölkten Tag auf eine Wiese. Schau nach oben in die Wolken. Du wirst bald sehen, dass es viele unterschiedliche Wolkenarten gibt, die ihre Form immer wieder verändern ... Lasse jetzt deine Phantasie spielen. Erkennst du Figuren in den Wolken? Sieht diese Wolke nicht aus wie ein Hund? Und die nächste wie ein Auto?

Wenn du dieses Spiel mit Freunden spielst, wirst du staunen, was sie alles am Himmel erkennen und wie viele verschiedene Dinge eine einzige Wolke gleichzeitig darstellen kann!

Polarstern

Mithilfe des Polarsterns

Bei sternklarem Himmel kannst du dich auch am Polarstern orientieren: Er zeigt dir in unseren Breitengraden immer die Nordrichtung an.

Du findest den Polarstern ganz leicht mithilfe des Sternbildes „**Großer Bär**" oder „**Großer Wagen**“. Siehst du den Abstand zwischen den beiden hinteren Sternen? Verlängere diesen Abstand, die sogenannte „Wagenachse“, in deiner Vorstellung fünfmal. So findest du den **Polarstern**, der gleichzeitig der vorderste Deichselstern des Sternbildes „**Kleiner Bär**" oder „**Kleiner Wagen**“ ist.

Kleine Wetterkunde

Stell dir vor, ihr seid irgendwo im Gelände unterwegs und plötzlich zieht ein Gewitter auf! Auf den folgenden Seiten findest du viele nützliche Tipps, wie du dich dann verhältst, und andere spannende Informationen rund ums Thema „Wetter“.

Dass du vor einer Tour den Wetterbericht im Radio, Fernsehen oder in der Zeitung verfolgst, ist ja klar. Und natürlich packst du deinen Rucksack entsprechend: Wenn Regen angesagt ist, sollte eine Regenjacke immer dabei sein. Im Sommer Sonnencreme und Kopfbedeckung nicht vergessen!

SCOUT-TIPP!

Wenn Unwetter mit Hagel oder Gewitter vorhergesagt werden, verschiebt ihr eure Tour lieber – denn auf diese Art von Abenteuer verzichtet man besser!

Scout Tipp!

Experiment:
Regenbogen selbst gemacht

Wie viele? mindestens 1 Kind
Was brauchst du? Sonne, Gartenschlauch mit Sprühdüse

So geht's:

An einem sonnigen Tag kannst du leicht selbst einen Regenbogen erzeugen. Du brauchst nur einen Gartenschlauch mit Sprühdüse.

Mit dem Schlauch in der Hand stellst du dich so hin, dass du die Sonne im Rücken hast. Wenn du dann das Wasser aufdrehst und auf den sprühenden Gartenschlauch schaust, siehst du einen kleinen, schillernden, selbst gemachten Regenbogen. Den gleichen Effekt kannst du auch manchmal an Wasserfontänen und Springbrunnen sehen.

Wolken als Wetterboten

In den Wolken lesen – das ist eine Art der Wettervorhersage, die du lernen kannst. Form, Aussehen und Höhe der Wolken verraten jede Menge über die Wetterentwicklung eines bestimmten Gebietes. Schau doch einmal Richtung Himmel. Siehst du Wolken? Bestimmt fällt dir auf, dass sie sich ständig bewegen und verändern. Auch das ist wichtig für die Wettervorhersage.

SCHON GEWUSST?

Wie entstehen Wolken?

Wolken entstehen durch das Aufsteigen erwärmter Luft. Die in der Luft enthaltene Feuchtigkeit verdampft mit zunehmender Höhe. Kleine Wassertropfen bilden Nebel, der sich zu Wolken verdichtet.

Wolkenformen

Wolken können je nach Wetterlage völlig anders aussehen. Dennoch lassen sich bestimmte Formen erkennen. Man unterscheidet drei Grundtypen: Haufenwolken, Schichtwolken und Schleierwolken.

Haufenwolken („Schäfchenwolken“) bilden kleine oder größere Haufen, Schichtwolken sind tief liegende, großflächige Wolken und Schleierwolken sind Eiswolken, die meist in großer Höhe auftreten. Außerdem gibt es zahlreiche Mischformen.

SCHON GEWUSST?

Wetterbericht und Wetterkarte

Wenn du in der Zeitung oder im Fernsehen eine Wetterkarte anschaust, wirst du auf folgende Bezeichnungen stoßen:

- Haufenwolken = Cumulus (lateinisch: Haufen)
- Schichtwolken = Stratus (lateinisch: bedeckt)
- Schleierwolken = Cirrus (lateinisch: Haarlocke)

Zusätzlich teilt man die Wolken nach ihrer Höhe in tiefe, mittelhohe und hohe Wolken ein.

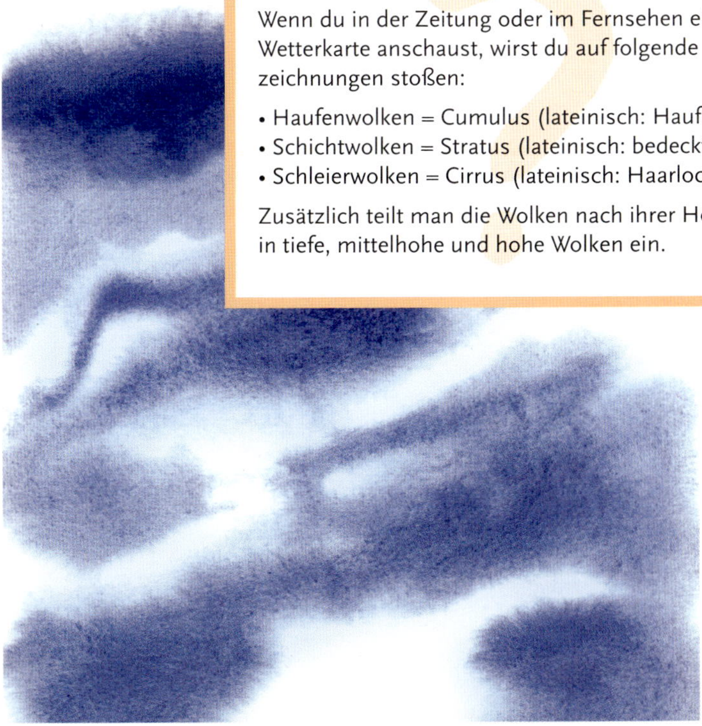

Schönwetterboten

Wenn du diese Zeichen am Himmel siehst, wird das Wetter schön:

- hoch stehende Haufenwolken
- ab Mittag kleine Haufenwolken, verschwinden gegen Abend
- kleine Haufenwolken nach Regen
- Nebel am Abend
- Abendrot
- Regenbogen am Abend

Schlechtwetterboten

Bei diesen Zeichen am Himmel musst du mit schlechtem Wetter rechnen:

- hellblauer Himmel am Morgen
- viele Schichtwolken
- tief hängende Haufenwolken
- tief hängende Schleierwolken
- hängende schwarze Wolken
- Morgenrot
- steigender Morgennebel

Wetterpropheten aus der Tierwelt

Auch Tiere können Wetterpropheten sein. Du musst nur wissen, worauf du achten musst! Allerdings sind nicht alle dieser Wettervorhersagen wissenschaftlich abgesichert...

Schön wird das Wetter, wenn...

- Schwalben hoch fliegen
- Bergdohlen um den Gipfel kreisen
- Spinnen ihre Netze spannen
- Bienen früh ausschwärmen
- Frösche am Abend quaken
- Grillen am Abend zirpen

SCHON GEWUSST?

Flugverhalten der Schwalben

Wissenschaftler haben herausgefunden, dass das Flugverhalten der Schwalbe mit ihrer Speisekarte zusammenhängt. Schwalben ernähren sich nämlich von kleinen Insekten in der Luft. Bei Hochdruckwetter steigt warme Luft auf und mit ihr die leichten Insekten. Die Schwalben folgen ihren Leckerbissen in die Höhe – und das Wetter wird schön!

Schlecht wird das Wetter, wenn...

- Schwalben tief fliegen
- Fische viel springen
- Mücken besonders lästig sind
- Frösche morgens und tagsüber quaken
- es viele Schnecken gibt
- es viele Regenwürmer gibt
- Maulwürfe Hügel aufwerfen

SCHON GEWUSST?

Der Wetterfrosch

Kein anderes Tier hat sich in unseren Sprachgebrauch so eingebürgert wie der Wetterfrosch. Wetterfrösche gibt's sogar im Fernsehen! Allerdings sind manche Forscher der Meinung, dass das Quaken der Frösche nichts mit dem Wetter, sondern mehr mit dem Fortpflanzungstrieb der kleinen Tiere zu tun hat.

Achtung Gewitter!

Hast du schon einmal ein Gewitter im Wald oder in den Bergen erlebt? Das kann ganz schön unangenehm sein! Deshalb ist es wichtig, möglichst frühzeitig zu erkennen, dass es ein Gewitter geben wird. Dann ist man besser darauf vorbereitet und kann seine Tour gegebenenfalls noch verschieben.

Zeichen für Gewitter:

- Regenbogen am Morgen
- Morgennebel bei hoher Temperatur
- stechende Sonne bei düsterem Wetter
- Haufenwolken, die sich nach oben vergrößern
- Schichtwolken, die Zacken bilden
- kalte Windstöße

SCHON GEWUSST?

Gewitter weltweit

Jeden Tag toben pro Stunde weltweit etwa 2.000 Gewitter, insgesamt gibt es auf der ganzen Welt 16 Millionen Gewitter pro Jahr!

Spiel für draußen: Wie wird das Wetter morgen?

Wie viele? mindestens 4 Kinder
Wo? irgendwo

So geht's:

Sicher kennst du das Spiel **Pantomime**, bei dem man versucht, einen bestimmten Gegenstand ohne Worte zu beschreiben. Das funktioniert auch zum Thema Wetter: die Wettervorhersage ohne Worte.

Stellt oder setzt euch in einen Kreis. Jeder von euch denkt sich jetzt ein Wetter (z.B. Gewitter, heißer Sonnenschein oder Hagel) aus, das er den anderen pantomimisch vorführen will.

Mit euren Händen könnt ihr zum Beispiel Schnee darstellen, der ganz langsam zur Erde fällt. Oder ihr wischt euch den Schweiß von der Stirn vor Hitze. Eure Mitspieler müssen versuchen zu erraten, was ihr darstellt. Sobald die richtige Lösung genannt wurde, ist der Nächste im Kreis an der Reihe.

Verhalten bei Gewitter

Manchmal kommt ein Gewitter aber auch blitzschnell und du bist noch unterwegs. Dann ist es wichtig, nicht in Panik zu geraten, rasch zu reagieren und sich richtig zu verhalten.

Je nachdem, wo du dich gerade aufhältst, beachte folgende Regeln:

Im und auf dem Wasser
Möglichst schnell das Wasser verlassen und Schutz suchen.

Im Wald
Schutz unter niedrigen Bäumen suchen.

SCOUT TIPP!

Wie weit ist das Gewitter weg?

Um die Entfernung des Gewitters festzustellen, gibt es folgenden Trick: Du zählst die Sekunden zwischen Blitz und Donner und teilst die Zahl durch drei. Das Ergebnis ist die Entfernung in Kilometern.

Durch mehrfaches Wiederholen findest du heraus, ob das Gewitter näher kommt oder sich entfernt.

Sichere Orte bei Gewitter

- Autos, Seilbahn, Eisenbahn
- Häuser, Schutzhütten mit Blitzableiter
- Wald (relativ sicher)

Gefährliche Orte bei Gewitter

- See, Fluss, Bach, Schwimmbad
- Sumpfgebiete, Moore
- Berggipfel
- Türme jeder Arte
- allein stehende Bäume
- Schluchten
- Eingänge von Höhlen, Tunnels

SCHON GEWUSST?

Donner und Blitz

Nicht immer muss es bei Gewitter auch regnen. Wenn du allerdings Donner hörst, besteht auch immer die Gefahr, vom Blitz getroffen zu werden. Blitz breitet sich viel schneller als Donner aus.

Verhalten im Notfall

Auch wenn ihr eure Tour gut geplant habt und gut ausgerüstet seid, kann es zu einer Notfallsituation kommen: Jemand verletzt sich, kann nicht mehr weitergehen, das Wetter schlägt schnell und dramatisch um, oder ihr verlauft euch und findet den richtigen Weg nicht mehr. Jetzt ist richtiges und überlegtes Handeln gefragt.

Das Wichtigste im Notfall ist, einen möglichst klaren Kopf zu bewahren und nicht in Panik zu geraten. Das fällt leichter, wenn man weiß, was man tun muss. Eine entscheidende Frage ist, ob es euch aus eigener Kraft gelingt, die Notsituation zu bewältigen, oder ob ihr Hilfe von außen braucht. Davon hängt das weitere Vorgehen ab.

Wichtige Notsignale

Es gibt eine Vielzahl von Möglichkeiten, mit denen ihr im Notfall auf euch aufmerksam machen könnt. Welche Notsignale wann sinnvoll sind, hängt von mehreren Faktoren ab:

- Ist es Tag oder Nacht?
- Ist es Winter oder eine andere Jahreszeit?
- Befindet ihr euch auf einer Anhöhe oder in einem Tal?

SCOUT TIPP!

Nach Möglichkeit solltet ihr in einer Notsituation als Gruppe zusammen bleiben. Nur wenn es gar nicht anders geht, trennt ihr euch und ein Teil holt zum Beispiel Hilfe. Aber niemals einen Verletzten alleine zurücklassen!

Sich bemerkbar machen

Ganz einfach, wirst du vielleicht sagen: Wenn es Probleme gibt, habe ich mein Handy dabei und rufe zu Hause an. Doch leider funktioniert das nicht überall: So hast du zum Beispiel in den Bergen oft keinen Empfang.

SOS

Das wichtigste internationale Notsignal, das auf See, an Land und in den Bergen verwendet wird, ist **SOS**. Auf der Internationalen Funkkonferenz in Berlin am 3. Oktober 1906 wurde SOS als internationales Notrufzeichen festgelegt. Das Signal wird mit der Trillerpfeife gepfiffen oder sonst auf hörbare und sichtbare Weise übermittelt: mit einer Taschenlampe, einem Signalspiegel oder mit Rauchzeichen.

SCHON GEWUSST?

SOS ist vermutlich die Abkürzung des englischen **„save our souls“**, auf deutsch „rettet unsere Seelen“.

Das SOS-Signal

Das SOS-Signal geht immer gleich:
kurz, kurz, kurz – lang, lang, lang – kurz, kurz, kurz

Ursprünglich wurde das SOS-Signal als Seenotruf verwendet und durch entsprechende Morsezeichen signalisiert: Das erste Mal wurde SOS von dem Passagierschiff Slavonia am 10. Juni 1909 gesendet, als es vor den Azoren Schiffbruch erlitt. Heute kennen dieses Notsignal Polizisten genauso wie Rettungsmannschaften, die Bergwacht oder Piloten.

Alpiner Notruf

In den Bergen gibt es außerdem den alpinen Notruf: 6 hörbare oder sichtbare Signale in einer Minute. Die Antwort darauf sind 3 Signale in einer Minute. Damit wird signalisiert: Ich habe das Notsignal aufgefangen, Hilfe kommt.

Handzeichen

Eine weitere, ganz einfache Methode, um in einer Notsituation auf sich aufmerksam zu machen, sind Handzeichen. Einen Notfall zeigt man an, indem man beide Arme schräg über dem Kopf in die Luft streckt. Es ist das sogenannte „Y"-Zeichen, bei dem der Körper ein „Y" bildet.

Zweige

In manchen Situationen können auch Zweige als Notsignale verwendet werden. Das trifft zum Beispiel im Winter zu, wenn man die Zweige gut sichtbar auf den Schnee legen kann. Aber auch auf Sandboden sind Zweige aus der Luft gut zu sehen. Dabei gilt grundsätzlich: Je größer die Zweige sind, desto besser!

Echte Pfadfinder beherrschen viele Zeichen, die sie mit Zweigen legen können. Die wichtigsten sind:

- benötige Arzt
= benötige Medikamente
X komme nicht weiter
-> ich bin in diese Richtung gegangen
K in welche Richtung soll ich gehen?
F benötige Essen und Wasser

Signalspiegel

Zur Ausrüstung für eure Expedition gehört auch ein kleiner Spiegel. Es gibt spezielle Signalspiegel, mit denen man im Notfall sehr gut auf sich aufmerksam machen kann.

Diese Signalspiegel haben in der Mitte ein kleines Loch, um das „Zielen“ mit dem Spiegel zu erleichtern.

SCOUT TIPP!

Wenn du keinen speziellen Signalspiegel hast, nimm einfach einen kleinen Taschenspiegel mit – auch damit kannst du Notsignale aussenden!

SCOUT TIPP!

Experiment:
Notsignale mit dem Signalspiegel

Was brauchst du? Signalspiegel

So geh's:

Du hältst den Spiegel mit einer Hand vor dein rechtes Auge, das linke Auge kneifst du zu. Mit der anderen Hand hältst du ein kleines Stöckchen vor die Öffnung im Spiegel. Dann drehst du den Spiegel so lange, bis die Reflexion der Sonne auf der Spitze des Stöckchens sichtbar ist. Diese Zielvorrichtung schwenkst du, bis die Spitze des Stöckchens in die Richtung zeigt, in die du das Signal sendet willst, zum Beispiel ein Flugzeug.

SCOUT TIPP!

Spiel für draußen: Nachtpfeifer

Wie viele? mindestens 12 Kinder
Wo? möglichst große Wiese
Was braucht ihr? Fackeln, Windlichter, Pfeifen

Wichtig ist, dass das Spiel nur bei völliger Dunkelheit mit möglichst geringer Sichtweite gespielt wird. Das Spielgelände wird durch Fackeln, Windlichter etc. markiert. Die Lichter bilden die Spielfeldgrenze und werden bei Spielbeginn aufgestellt und angezündet.

So geht‘s:

Die Kinder teilen sich auf in möglichst gleich viele Nachtpfeifer und Fänger. Alle Nachtpfeifer verteilen sich auf dem Spielgelände und pfeifen alle paar Minuten auf ihren Pfeifen. Die Fänger versuchen nun, die Nachtpfeifer zu fangen. Haben sie einen Nachtpfeifer gefangen, scheidet dieser aus. Das Spiel endet nach einer vorgegebenen Zeit oder wenn alle Nachtpfeifer gefangen sind. Wichtig ist, dass das Gelände ausreichend groß ist, damit die Nachtpfeifer eine reelle Chance haben.

Wichtige Begriffe zum Thema Orientierung und Expedition

Barometer

Messgerät zur Bestimmung des Luftdrucks

Biwak

Notunterkunft im Freien

Expedition

Ein- oder mehrtägige Wanderung bzw. Ausflug, zu Fuß oder mit Fahrrad, Boot etc.

Geländemarkierungen

Das können Zweige und Äste oder auch Steine sein, mit denen man seinen Weg im Gelände markiert. Im Gefahrenfall kann man durch Markierungen auf sich aufmerksam machen

Geländespiele

Spiele, die im Gelände gespielt werden. Dabei bilden sich häufig Gruppen, die verschiedene Aufgaben wie Schatzsuche oder Orientierung bewältigen

Isomatte

Liegeunterlage aus festem Schaumstoff, mit guter Isolation gegen Bodenkälte

Karte norden

Methode, um Karte und Gelände in Deckung zu bringen

Kompass

Hilfsmittel zur Bestimmung der Himmelsrichtung. Karte und Kompass sind unentbehrlich für die Orientierung im Gelände

Krokis

selbst gezeichnete einfache Karte

Lager

Von Lager spricht man, wenn man über einen längeren Zeitraum an einem Ort bleibt

Lagerfeuer

Das Lagerfeuer wird zum Wärmen und Kochen genutzt, aber auch abends als gemütlicher Versammlungsort

Missweisung

Unterschied zwischen magnetischem und geographischem Nordpol

Nachtwanderung

Wanderung nach Einbruch der Dunkelheit, manchmal mit Fackeln oder Petroleumlampen

Orientierung

Sich-Zurechtfinden

Signalspiegel

Nützliches Utensil für Expeditionen, um im Notfall auf sich aufmerksam zu machen (siehe S. 90)

Stockbrot

Beliebtes Gericht, das über dem Lagerfeuer gebacken wird (siehe S. 21)

Taschenlampe

Unentbehrlich zur Orientierung im Dunkeln und um im Notfall SOS-Zeichen zu senden (siehe S. 86 f.)

Trillerpfeife

Auch mit einer Trillerpfeife kann man im Notfall SOS-Zeichen senden (siehe S. 86 f.)

Windrose

Darstellung der Windrichtungen

Ab nach draußen!

Mit den spannenden Nature Scout Büchern in den praktischen Outdoor-Schutzhüllen wirst du zum richtigen Naturforscher!

Anke Küpper und Dr. Jens Poschadel
Nature Scout: Mit der Becherlupe auf Entdeckertour
€ 7,95 (D), € 8,20 (A), SFr 14,70

ISBN 978-3-89777-349-3

Anita van Saan
Nature Scout: Tiere im Winter
€ 7,95 (D), € 8,20 (A), SFr 14,70

ISBN 978-3-89777-339-4

Abenteuerlupe
€ 3,95*
Artikel-Nr.: 8023

Geländekompass
€ 5,95*
Artikel-Nr.: 9619

Trinkflasche
€ 5,95*
Artikel-Nr.: 9621

*unverbindliche Preisempfehlung